이렇게 만들었습니다

6, 7세 어린이에서부터 초등 학생 누구나 주산을 쉽고 재미있게 배울 수 있도록 수의 배열과 연계성, 계속성을 고려하여 만든 주산 전문 교재입니다.
이 책의 학습 방향을 알고 공부한다면 주산을 통한 암산 실력 향상과 더불어 어린이들의 수학 실력을 한 단계 올리게 될 것입니다.

원리알기

꼭 알아야 하는 주산의 원리를 그림과 함께 설명하여 수의 개념을 이해하고 누구나 쉽게 주산을 배울 수 있도록 하였습니다.

기초 다지기

원리알기에서 기본 개념을 이해한 후, 직접 주판으로 다양한 문제를 풀어 봄으로써 주산에 대한 기초를 다질 수 있도록 하였습니다.

실력 기르기

주산 원리를 이해한 학생들이 충분한 연습을 통하여 실력이 향상될 수 있도록 하였으며, 앞 단계에서 배운 내용을 반복함으로써 학습 효과를 높이도록 구성하였습니다.

암산 학습

주산의 기초 원리와 다져진 주산 실력을 바탕으로 암산을 배워 빠르고 정확한 연산 능력을 기르도록 구성하였습니다.

교과서 응용하기

주산을 배우는 목적은 암산을 통한 수학 연산 능력 향상에 있습니다.
한 단원이 끝날 때마다 암산 능력을 수학 교과에 응용하여 암산으로 문제를 풀어봄으로써 학생들의 수학 실력을 높일 수 있도록 구성하였습니다.

차 례

덧셈(1) 종합 문제

공부한 날 월 일

주판으로 해 보세요.

1	2	3	4	5
8	8	2	9	7
4	1	6	1	4
7	2	5	4	5
1	7	8	5	3
2	8	6	3	1

6	7	8	9	10
6	7	9	9	3
5	4	1	3	7
8	8	4	2	5
1	1	5	5	4
9	7	1	6	8

11	12	13	14	15
8	2	2	3	4
3	8	7	6	9
9	5	8	8	1
3	4	9	4	8
6	2	5	7	7

평 가		확 인	

공부한 날 월 일

주판으로 해 보세요.

1	2	3	4	5
8 2 9 2 6	9 5 9 6 2	2 7 2 8 4	6 3 4 5 2	8 5 6 2 7

6	7	8	9	10
2 6 4 7 3	5 4 3 6 7	4 8 9 6 3	1 7 4 8 9	6 3 7 4 8

11	12	13	14	15
9 3 6 4 8	3 6 4 8 7	6 9 3 4 8	2 6 4 7 3	6 5 8 3 7

평 가		확 인	

공부한 날 월 일

주판으로 해 보세요.

1	2	3	4	5
2 7 9 4 6	3 6 4 8 2	9 8 2 4 6	6 2 4 7 8	8 5 6 4 9

6	7	8	9	10
7 9 4 8 1	5 2 8 3 4	1 6 4 8 9	4 7 6 4 8	6 5 8 4 9

11	12	13	14	15
2 6 4 9 5	4 7 6 4 9	1 3 5 8 9	2 6 9 5 7	5 2 4 9 8

평 가		확 인	

어려운 덧셈 익히기

5를 이용한 1의 덧셈 알기

5를 이용한 2의 덧셈 알기

5를 이용한 3의 덧셈 알기

5를 이용한 4의 덧셈 알기

어려운 6의 덧셈 알기

어려운 7의 덧셈 알기

어려운 8의 덧셈 알기

어려운 9의 덧셈 알기

공부한 날 월 일

5를 이용한 1의 덧셈 알기

4에 1을 더하려고 할 때 아래알만으로는 1을 더할 수 없으므로 검지로 5를 더하는 동시에 엄지로 4를 뺀다.

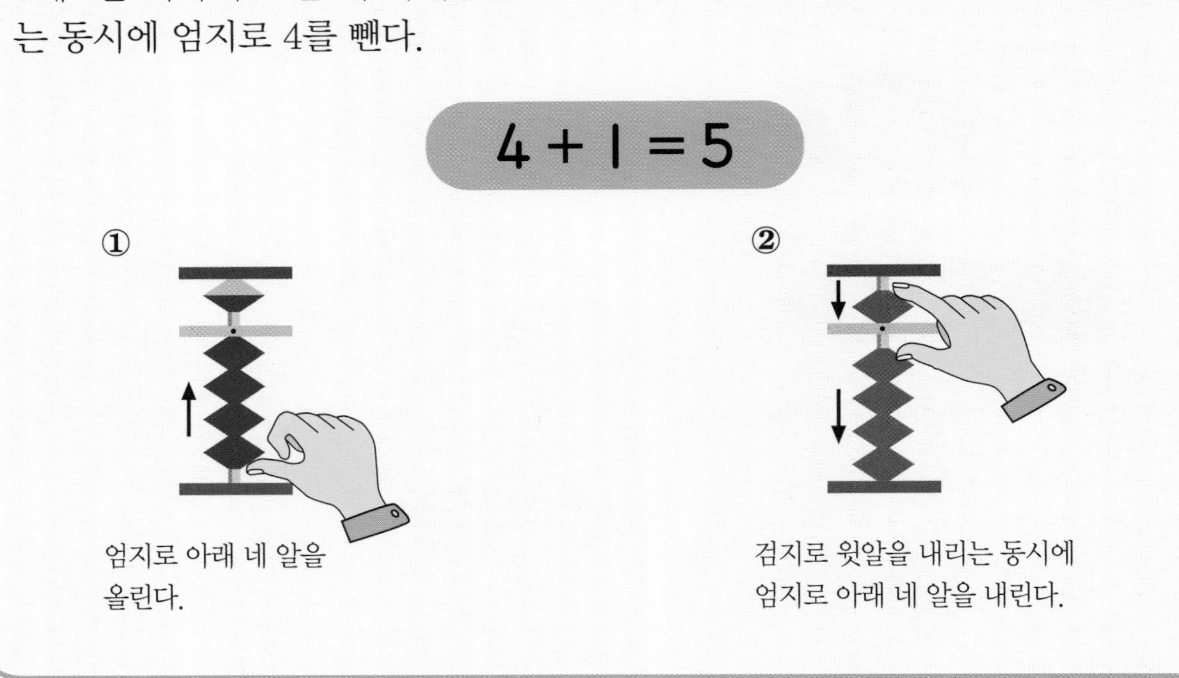

① 엄지로 아래 네 알을 올린다.

② 검지로 윗알을 내리는 동시에 엄지로 아래 네 알을 내린다.

1	2	3	4	5
4	2	3	4	1
1	2	1	1	3
3	1	1	5	1

6	7	8	9	10
4	0	9	4	2
1	4	5	1	2
0	1	1	4	1

이렇게 지도하세요 아래알 4가 놓여 있고 윗알이 비어 있으면 일의 자리에서 1, 2, 3, 4, 5까지를 모두 더할 수 있습니다. 또 아래알 2만 놓여 있을 때에는 7까지의 수를 모두 더할 수 있습니다.

공부한 날 월 일

주판으로 해 보세요.

1	2	3	4	5
4	6	9	7	6
1	5	8	2	5
5	3	2	5	9
2	1	5	1	4
9	4	1	3	1

6	7	8	9	10
6	2	9	7	4
3	2	5	5	1
5	1	8	2	5
1	3	2	1	4
4	8	1	3	1

11	12	13	14	15
5	7	6	3	4
1	2	5	6	1
5	5	9	5	5
3	1	4	1	7
1	3	1	3	2

평 가		확 인	

공부한 날	월	일

주판으로 해 보세요.

1	2	3	4	5
6 2 1 5 1	4 1 5 2 8	2 9 8 5 1	3 6 5 1 4	1 7 1 5 1

6	7	8	9	10
8 9 5 2 1	7 8 2 5 9	4 1 5 2 7	8 9 2 5 1	7 8 5 4 1

11	12	13	14	15
4 8 9 3 1	3 6 5 1 2	7 9 9 5 4	8 5 1 1 3	4 7 8 5 1

평 가		확 인	

공부한 날 월 일

주판으로 해 보세요.

1	2	3	4	5
2	9	1	7	6
9	5	9	8	3
8	1	4	5	9
5	3	1	4	1
1	8	3	1	5

6	7	8	9	10
3	8	2	4	8
6	7	6	1	7
5	4	5	2	5
1	5	7	8	4
4	1	6	5	1

11	12	13	14	15
3	2	4	6	5
5	2	1	5	4
1	1	5	3	5
5	3	4	1	1
1	7	1	5	3

평 가		확 인	

공부한 날 월 일

암산으로 해 보세요.

1	2	3	4	5
2 8 9	4 1 2	7 8 3	3 1 1	4 1 4

6	7	8	9	10
4 0 7	9 5 1	4 1 3	5 4 7	8 7 1

11	12	13	14	15
2 2 1	4 6 6	2 7 6	4 1 5	8 1 5

16	17	18	19	20
9 7 1	4 1 4	4 1 0	4 0 1	3 1 7

평 가		확 인	

공부한 날 월 일

암산으로 아래 문제를 풀어 보세요.

1 그림을 보고 □ 안에 알맞은 수를 쓰세요.

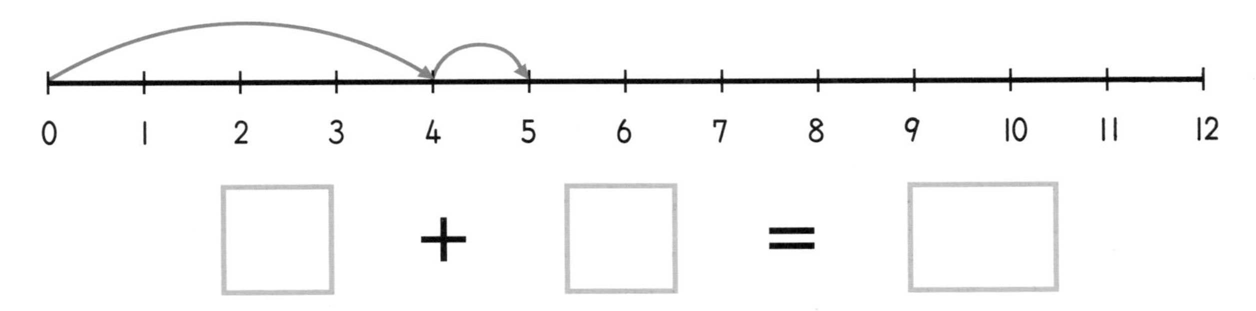

2 덧셈을 하여 □ 안에 알맞은 수를 쓰세요.

① $4 + 1 = \square$

② $14 + 1 = \square$

③ $44 + 1 = \square$

3 세 수의 덧셈을 하여 □ 안에 알맞은 수를 쓰세요.

① $10 + 4 + 1 = \square$

② $32 + 2 + 1 = \square$

4 농장에 오리 24마리와 염소 1마리가 있습니다. 가축은 모두 몇 마리일까요?

식 ______________________

______ 마리

평 가		확 인	

공부한 날	월	일

5를 이용한 2의 덧셈 알기

3, 4에 2를 더하려고 할 때 아래알만으로는 2를 더할 수 없으므로 검지로 5를 더하는 동시에 엄지로 3을 뺀다.

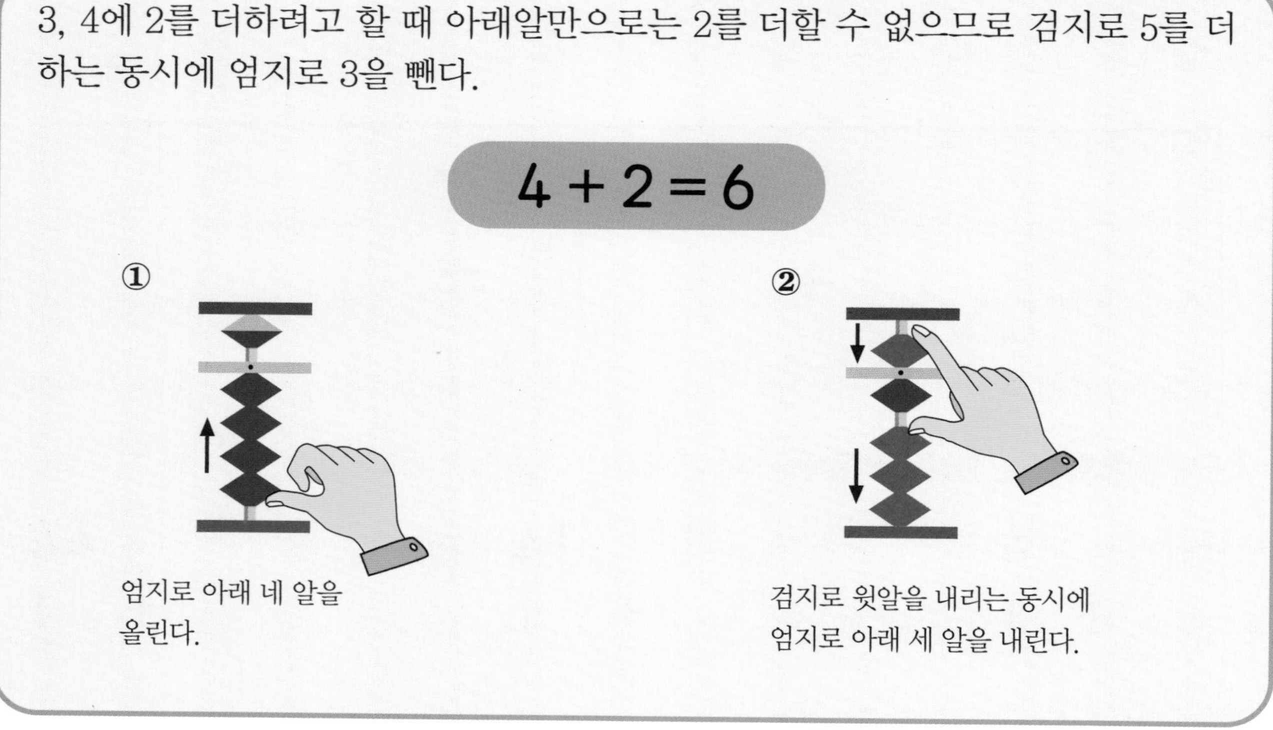

① 엄지로 아래 네 알을 올린다.

② 검지로 윗알을 내리는 동시에 엄지로 아래 세 알을 내린다.

1	2	3	4	5
2	1	3	1	3
2	3	2	2	2
2	2	1	2	5

6	7	8	9	10
3	2	3	4	4
2	1	2	2	2
2	2	3	1	3

이렇게 지도하세요 4에서 2를 더할 때 아래알로는 더할 수 없습니다. 그러므로 윗알을 이용하여 5를 더하면 3을 더 더한 것이므로 많이 더한 수 3을 빼 주는 원리를 이해시키도록 합니다.

공부한 날	월	일

주판으로 해 보세요.

1	2	3	4	5
4 2 3 5 1	9 5 2 9 5	7 2 1 4 2	3 5 5 2 4	8 5 2 4 1

6	7	8	9	10
6 3 5 2 3	9 1 8 5 2	7 2 1 3 2	4 6 4 2 5	5 4 1 4 2

11	12	13	14	15
9 5 2 3 1	6 9 4 5 2	8 5 2 4 1	5 4 1 3 2	3 2 5 9 1

평 가		확 인	

공부한 날 월 일

주판으로 해 보세요.

1	2	3	4	5
2	4	6	7	4
7	8	9	5	2
1	8	5	7	5
4	9	4	1	8
2	1	2	4	1

6	7	8	9	10
1	8	7	4	9
2	9	8	2	1
7	8	5	9	4
4	4	9	4	2
2	1	7	1	5

11	12	13	14	15
6	5	3	4	3
3	2	7	6	2
1	8	4	5	5
9	4	2	4	8
7	1	9	1	7

평 가		확 인	

공부한 날	월	일

주판으로 해 보세요.

1	2	3	4	5
3 2 5 4 2	9 5 1 5 7	1 7 8 3 1	4 2 5 3 2	6 9 4 1 4

6	7	8	9	10
8 5 2 4 1	7 9 3 1 7	2 1 7 5 5	3 8 7 5 2	9 5 2 9 5

11	12	13	14	15
1 9 8 5 2	6 5 3 2 9	3 9 1 2 5	9 6 5 4 2	4 2 9 5 4

평 가		확 인	

공부한 날 월 일

암산으로 해 보세요.

1	2	3	4	5
7 9 9	3 9 9	5 2 9	2 2 2	4 9 8

6	7	8	9	10
3 1 2	3 2 4	4 2 5	8 5 2	1 2 2

11	12	13	14	15
8 7 4	3 2 2	4 2 3	3 2 5	1 8 5

16	17	18	19	20
4 1 3	3 1 1	1 3 2	4 1 2	4 5 5

평 가		확 인	

공부한 날 　　월 　　일

암산으로 아래 문제를 풀어 보세요.

1 덧셈을 하여 빈 칸에 알맞은 수를 써 보세요.

+	3	4	5	6
2				

2 □ 안에 알맞은 수를 써 보세요.

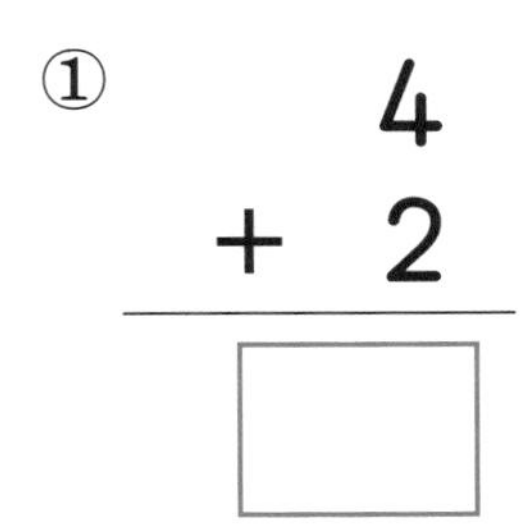

① $4 + 2 = \square$ 　② $7 + 2 = \square$ 　③ $15 + 2 = \square$ 　④ $24 + 2 = \square$

3 그림의 수를 세어 보고 빈 칸에 알맞은 수를 쓰세요.

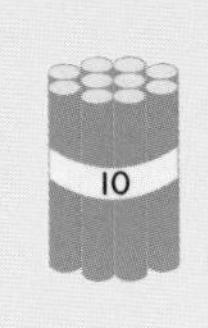

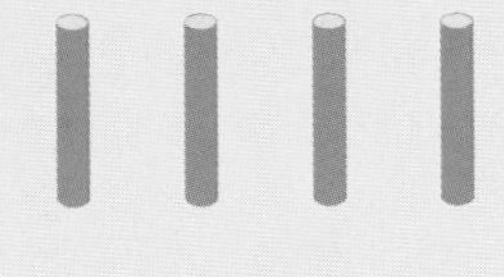
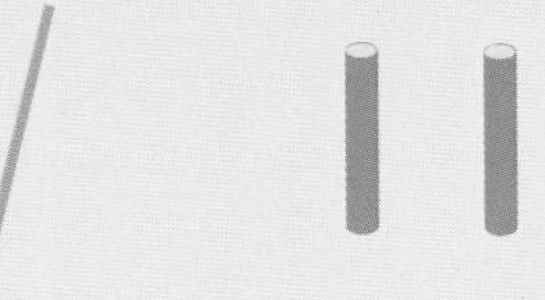

 +  = □

4 주차장에 자동차 23대와 버스 2대가 있습니다. 주차장에 있는 차는 모두 몇 대일까요?

식 ______________________

______ 대

평 가		확 인	

공부한 날 월 일

5를 이용한 3의 덧셈 알기

2, 3, 4에 3을 더하려고 할 때 아래알만으로는 3을 더할 수 없으므로 검지로 5를 더하는 동시에 엄지로 2를 뺀다.

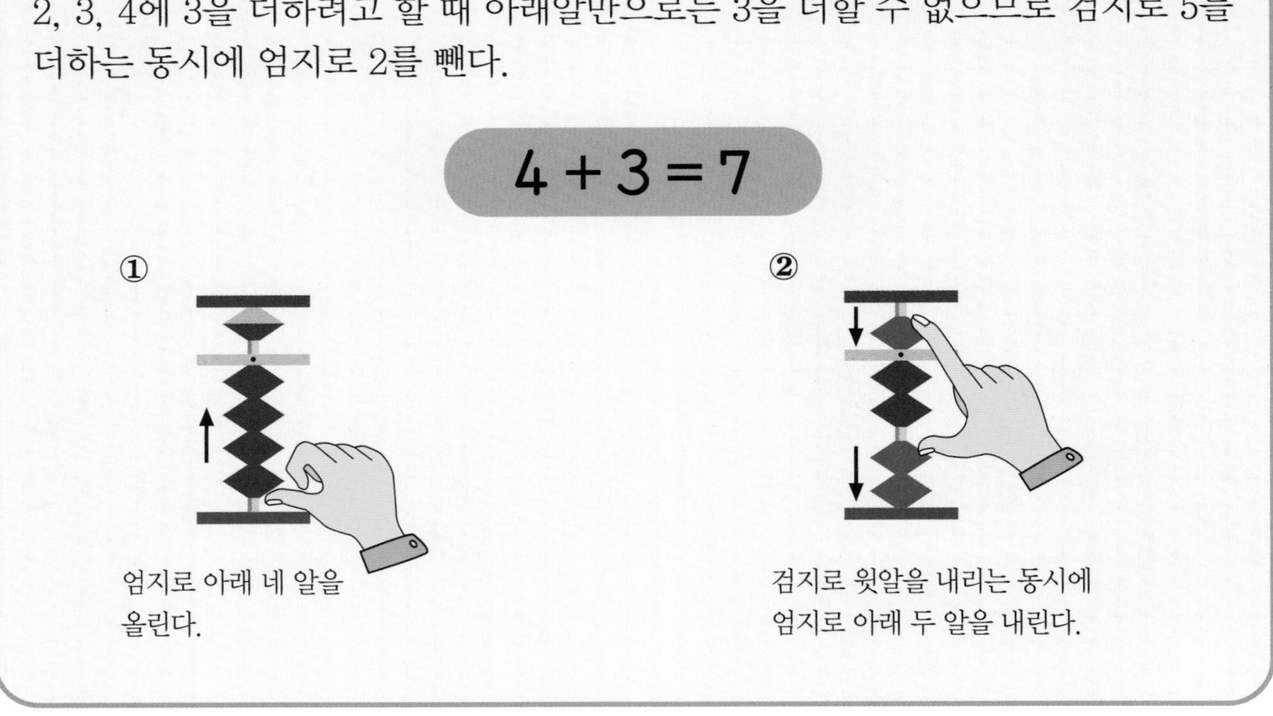

① 엄지로 아래 네 알을 올린다.

② 검지로 윗알을 내리는 동시에 엄지로 아래 두 알을 내린다.

1	2	3	4	5
2	3	2	1	1
2	1	1	3	2
3	3	3	3	3

6	7	8	9	10
4	9	7	2	4
3	5	5	3	3
9	3	3	1	8

이렇게 지도하세요 짝을 이용한 덧셈에서는 한 손을 폈을 때, 1을 구부리면 4가 펴져 있고 3을 구부리면 2가 펴져 있음을 이용하여 5를 이용한 덧셈 원리를 이해시키도록 합니다.

공부한 날 월 일

주판으로 해 보세요.

1	2	3	4	5
4 3 5 7 2	7 5 3 5 9	6 3 2 3 1	9 1 9 2 8	3 1 3 1 2

6	7	8	9	10
8 7 5 4 3	4 1 4 2 8	5 4 2 2 3	3 3 9 4 2	6 5 8 2 9

11	12	13	14	15
9 5 3 2 1	4 3 8 4 2	7 5 7 2 8	2 3 4 1 5	9 2 3 3 8

평 가		확 인	

공부한 날 월 일

주판으로 해 보세요.

1	2	3	4	5
6	8	3	6	1
5	9	9	3	2
8	5	3	1	3
2	3	4	2	5
5	4	2	3	9

6	7	8	9	10
3	9	8	7	4
2	5	9	5	3
5	3	5	3	9
4	1	3	4	3
1	7	4	1	2

11	12	13	14	15
6	8	5	3	2
5	5	4	3	5
2	3	5	9	2
3	3	3	4	1
1	2	8	8	6

평 가		확 인	

공부한 날 월 일

주판으로 해 보세요.

1	2	3	4	5
8	3	4	6	2
5	6	1	9	3
3	2	5	4	5
3	2	4	2	9
1	3	3	5	1

6	7	8	9	10
3	5	9	8	7
7	4	1	2	2
4	2	4	3	5
3	3	3	1	3
8	3	8	3	9

11	12	13	14	15
7	4	8	5	6
8	3	5	4	9
5	9	3	5	5
4	5	2	3	4
3	2	9	2	3

평 가		확 인	

공부한 날  월  일

암산으로 해 보세요.

1	2	3	4	5
8 5 3	3 3 3	6 9 1	4 6 7	3 6 1

6	7	8	9	10
2 3 4	4 3 5	3 1 6	2 9 1	6 5 9

11	12	13	14	15
3 2 5	1 1 3	4 8 6	9 5 5	2 1 2

16	17	18	19	20
4 3 2	3 3 9	3 3 3	9 2 8	7 1 2

평 가	

확 인	

암산으로 아래 문제를 풀어 보세요.

1 그림을 보고 빈 칸에 알맞은 수를 쓰세요.

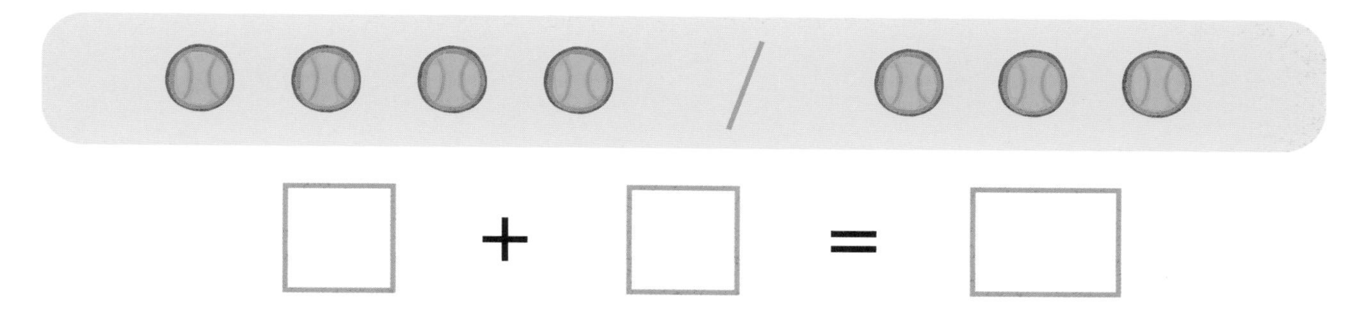

□ + □ = □

2 덧셈을 하여 같은 수끼리 선으로 이으세요.

3 다음 빈 칸에 알맞은 수를 쓰세요.

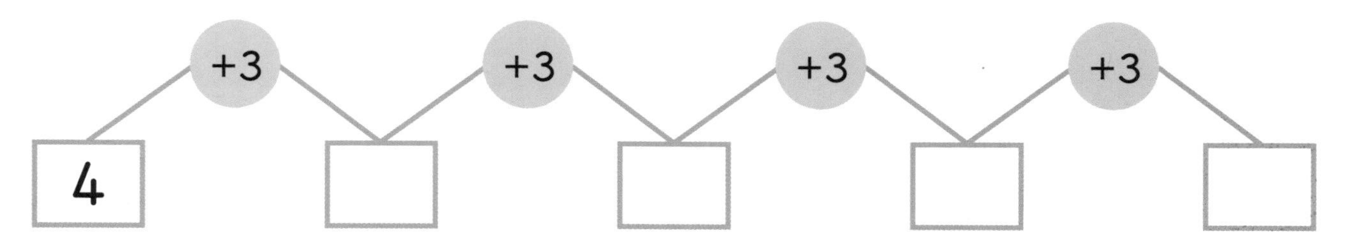

4 아버지께서 참외 13개와 복숭아 3개를 사 오셨습니다. 과일은 모두 몇 개일까요?

식 ______________________ 답 ________ 개

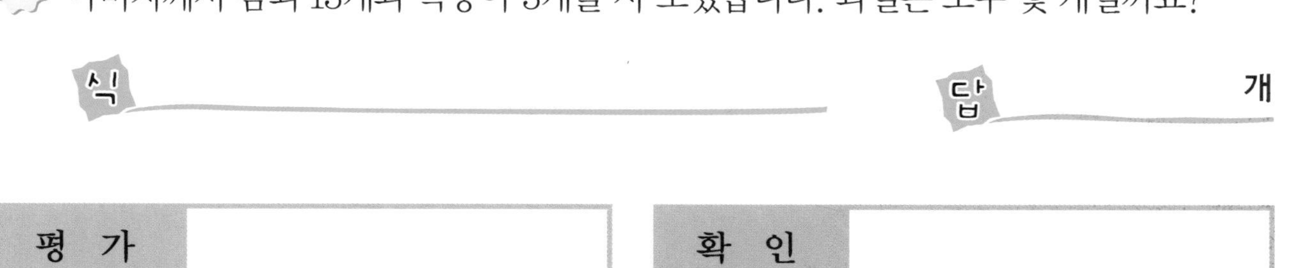

평 가		확 인	

5를 이용한 4의 덧셈 알기

1, 2, 3, 4에 4를 더하려고 할 때 아래알만으로는 4를 더할 수 없으므로 검지로 5를 더하는 동시에 엄지로 1을 뺀다.

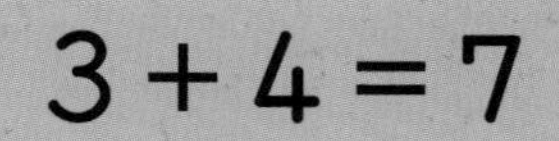

①

엄지로 아래 세 알을 올린다.

②

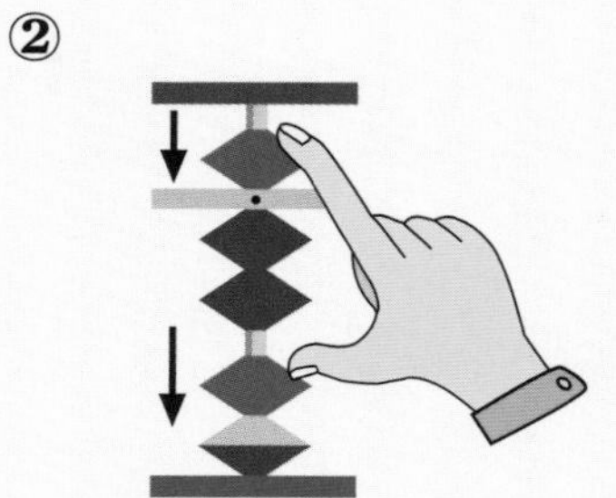

검지로 윗알을 내리는 동시에
엄지로 아래 한 알을 내린다.

1	2	3	4	5
9 3 4	4 4 2	3 4 9	3 0 4	7 5 4

6	7	8	9	10
4 4 9	2 4 5	2 2 4	1 4 4	3 4 8

공부한 날	월	일

주판으로 해 보세요.

1	2	3	4	5
1 4 5 9 3	2 2 4 3 9	4 4 3 8 2	7 5 4 3 1	8 9 5 4 9

6	7	8	9	10
6 5 4 4 3	9 6 3 5 4	3 4 8 4 3	5 2 9 5 4	1 4 4 3 9

11	12	13	14	15
5 4 2 4 5	6 5 4 3 7	9 1 2 4 3	8 5 4 8 4	7 2 5 4 7

평 가		확 인	

공부한 날 월 일

주판으로 해 보세요.

1	2	3	4	5
3	2	6	7	3
6	7	5	8	4
2	5	4	5	2
3	2	4	2	1
4	9	1	4	6

6	7	8	9	10
2	4	6	7	9
4	5	9	5	1
5	2	5	4	6
4	3	4	9	5
3	4	3	3	4

11	12	13	14	15
8	3	1	9	6
2	5	8	2	3
8	3	2	8	2
5	8	6	3	4
4	1	3	4	2

평 가		확 인	

공부한 날 월 일

주판으로 해 보세요.

1	2	3	4	5
4	7	3	9	8
6	5	9	5	5
7	4	1	4	3
3	1	4	7	5
9	3	5	1	4

6	7	8	9	10
1	2	6	5	7
4	4	3	5	2
3	9	2	4	5
2	4	8	4	1
7	2	1	3	4

11	12	13	14	15
7	6	8	9	5
9	5	3	1	4
5	4	9	7	5
4	1	2	3	4
1	9	8	1	7

평 가		확 인	

공부한 날 월 일

암산으로 해 보세요.

1	2	3	4	5
9 2 4	4 4 7	3 1 4	8 5 4	4 4 8

6	7	8	9	10
6 5 4	1 3 4	4 4 5	3 4 5	9 5 4

11	12	13	14	15
2 1 4	1 4 5	1 2 4	1 1 4	4 4 1

16	17	18	19	20
2 9 3	3 8 1	4 9 8	4 9 7	2 7 7

평 가		확 인	

암산으로 아래 문제를 풀어 보세요.

1 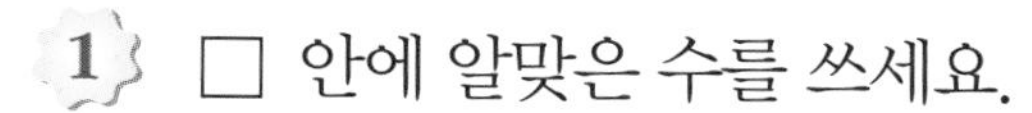
□ 안에 알맞은 수를 쓰세요.

① 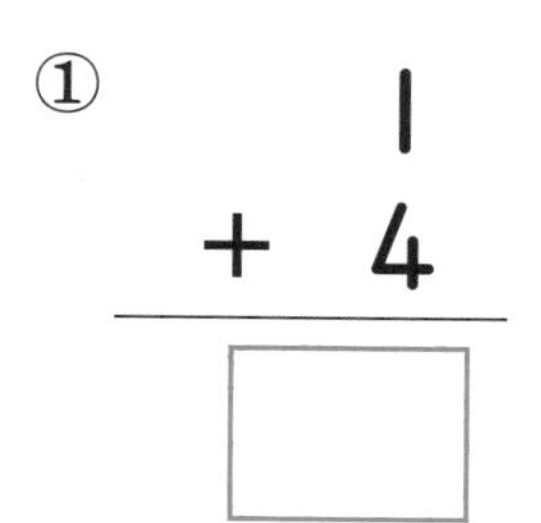
$$\begin{array}{r} 1 \\ +\ 4 \\ \hline \square \end{array}$$

② $$\begin{array}{r} 4 \\ +\ 4 \\ \hline \square \end{array}$$

③ $$\begin{array}{r} 3 \\ +\ 4 \\ \hline \square \end{array}$$

④ $12 + 4 = \square$

⑤ $21 + 4 = \square$

2 덧셈을 하여 왼쪽과 같은 수에 ○표 하세요.

13 + 4	11 + 4	14 + 2	3 + 14

3 다음 크기를 비교하여 ○ 안에 >, =, <를 써 보세요.

① 25 + 4 ○ 4 + 24

② 12 + 4 ○ 4 + 13

4 놀이터에 14명의 어린이가 놀고 있었는데, 4명의 어린이가 또 왔습니다.
놀이터에 있는 어린이는 모두 몇 명일까요?

식 ______________________

______________ 명

평 가		확 인	

공부한 날 월 일

어려운 6의 덧셈 알기

5, 6, 7, 8에 6을 더할 때 먼저 십의 자리에 1을 더하고 일의 자리에서 1을 더하는 것과 동시에 5를 뺀다.

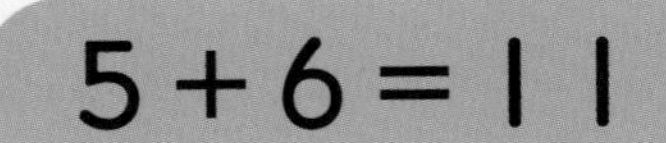

①
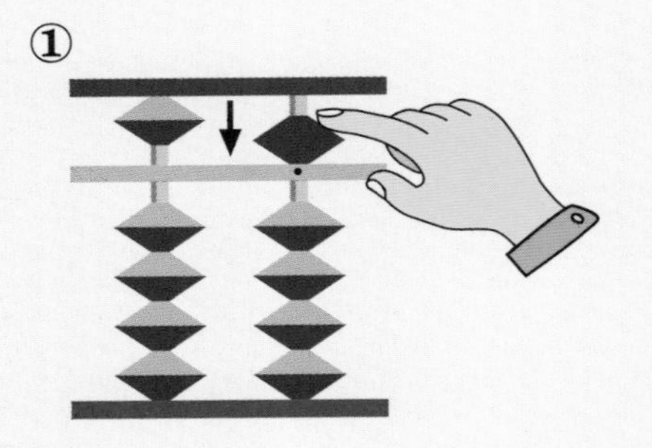
윗알을 검지로 놓는다.

②
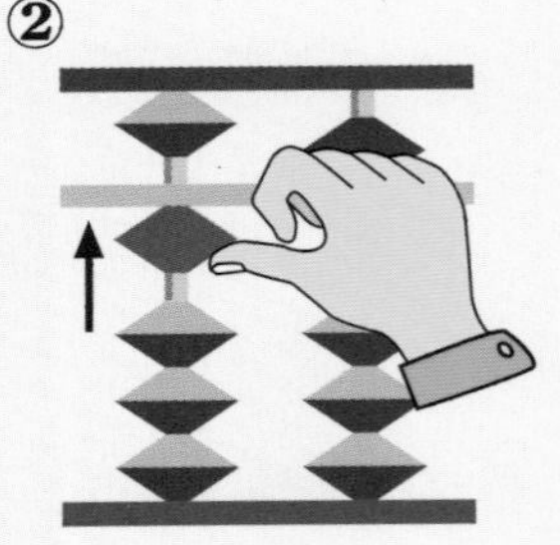
십의 자리에서 엄지로 한 알을 올린다.

③
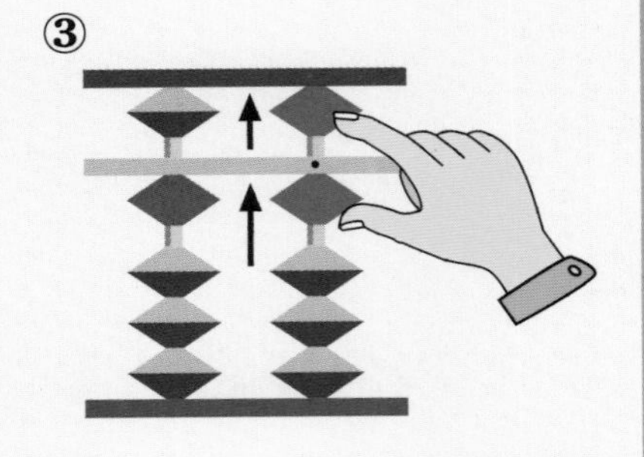
엄지로 아래 한 알을 올리는 동시에 검지로 윗알을 올린다.

1	2	3	4	5
8 9 6	7 8 6	8 6 8	7 9 6	6 1 6

6	7	8	9	10
5 2 6	2 6 6	2 4 6	3 5 6	6 9 6

공부한 날 월 일

주판으로 해 보세요.

1	2	3	4	5
5	4	7	8	9
6	2	4	3	5
4	6	5	7	4
3	4	6	8	6
2	4	3	6	2

6	7	8	9	10
3	2	6	7	9
4	3	6	2	4
6	1	4	1	3
2	6	3	6	3
6	4	2	6	4

11	12	13	14	15
7	9	2	8	6
6	7	4	6	3
3	4	6	3	6
6	5	4	6	2
4	6	4	3	6

평 가		확 인	

공부한 날 월 일

주판으로 해 보세요.

1	2	3	4	5
1	5	4	3	4
8	6	3	2	3
2	8	6	3	4
4	2	4	6	7
5	7	6	2	6

6	7	8	9	10
9	3	5	4	7
2	3	6	2	6
5	6	8	6	3
6	4	2	4	6
4	6	9	6	4

11	12	13	14	15
3	2	8	7	9
2	4	6	4	2
6	2	4	6	8
7	6	3	6	1
2	3	9	3	6

평 가		확 인	

공부한 날 월 일

주판으로 해 보세요.

1	2	3	4	5
6	3	7	8	2
6	8	6	3	4
3	5	4	5	6
6	2	3	6	7
4	6	5	4	2

6	7	8	9	10
9	1	6	4	7
3	7	5	3	4
4	6	4	6	5
6	2	6	4	6
3	6	7	6	3

11	12	13	14	15
1	9	7	3	4
4	4	6	7	6
6	5	2	5	7
8	6	6	1	6
3	2	9	6	2

평 가		확 인	

공부한 날 월 일

암산으로 해 보세요.

1	2	3	4	5
8 8 6	1 6 6	2 8 5	9 1 6	7 3 4

6	7	8	9	10
6 6 6	4 9 9	8 1 1	1 2 3	8 7 6

11	12	13	14	15
3 6 7	2 2 2	6 1 3	7 1 6	1 8 6

16	17	18	19	20
8 6 7	1 6 6	7 6 1	6 6 9	7 6 8

평 가		확 인	

공부한 날 월 일

암산으로 아래 문제를 풀어 보세요.

1 다음 □ 안에 알맞은 수를 넣으세요.

+	5	6	7	8
6				

2 덧셈을 하여 □ 안에 알맞은 수를 쓰세요.

① $16 + 6 = \square$

② $28 + 6 = \square$

③ $35 + 6 = \square$

④ $26 + 6 = \square$

3 다음 세 수의 덧셈을 하세요.

① $3 + 5 + 6 = \square$ ② $2 + 9 + 6 = \square$

③ $7 + 1 + 6 = \square$ ④ $5 + 6 + 6 = \square$

4 준호는 우표를 18장, 유미는 6장을 가지고 있습니다.
준호와 유미가 가지고 있는 우표는 모두 몇 장일까요?

식 ______________________

답 ________ 장

평 가		확 인	

공부한 날 월 일

어려운 7의 덧셈 알기

5, 6, 7의 수에 7을 더할 때 먼저 십의 자리에 1을 더하고 일의 자리에서 2를 더하는 것과 동시에 5를 뺀다.

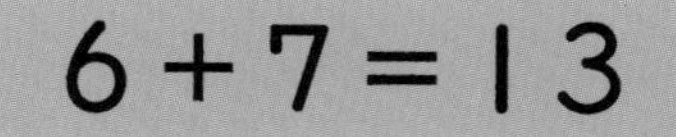

①

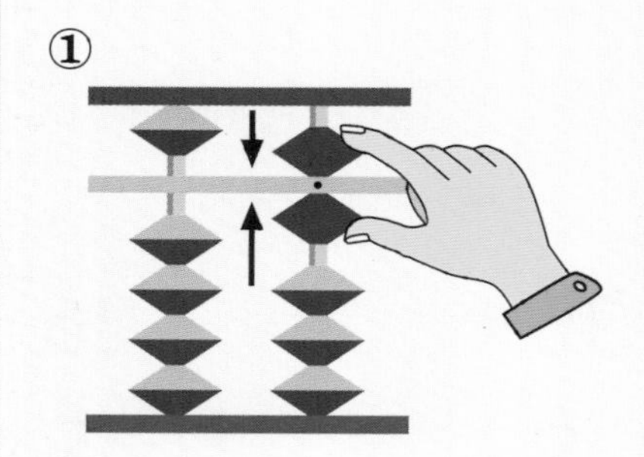

엄지와 검지로 동시에 윗알과 아래 한 알을 놓는다.

②

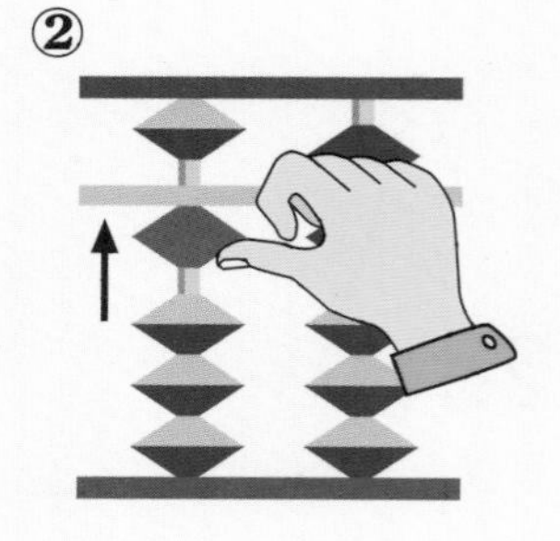

십의 자리에서 엄지로 한 알을 올린다.

③

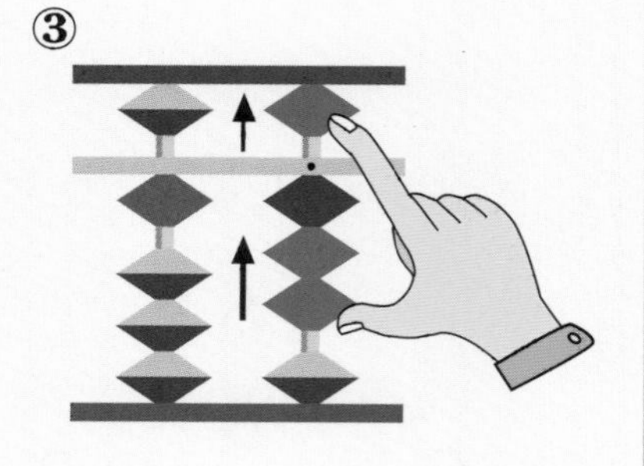

엄지로 아래 두 알을 올리는 동시에 검지로 윗알을 올린다.

1	2	3	4	5
1 6 7	5 1 7	2 5 7	8 9 7	7 8 7

6	7	8	9	10
8 7 7	7 7 8	5 7 4	4 3 7	6 9 7

이렇게 지도하세요 이 단원은 덧셈에서 가장 어려운 부분입니다. 그러므로 5에 6, 7, 8, 9를 더하는 연습을 충분히 하도록 합니다.

공부한 날	월	일

주판으로 해 보세요.

1	2	3	4	5
6	5	7	4	8
7	2	7	2	9
3	7	2	7	6
7	2	6	4	3
4	6	7	6	7

6	7	8	9	10
9	3	2	4	7
7	4	5	3	6
7	6	7	6	4
4	3	2	2	7
6	7	6	7	3

11	12	13	14	15
4	6	7	8	9
2	7	4	3	1
6	4	5	6	5
5	6	7	9	7
7	3	2	7	4

평 가		확 인	

공부한 날 월 일

주판으로 해 보세요.

1	2	3	4	5
5	2	3	1	4
2	4	2	4	3
7	6	7	6	7
3	5	4	5	4
6	7	6	7	6

6	7	8	9	10
3	8	7	4	2
4	2	8	4	4
7	7	6	3	7
2	7	5	4	3
6	3	7	6	7

11	12	13	14	15
9	6	1	5	7
2	5	4	7	8
4	7	6	4	7
7	8	7	1	3
3	7	6	7	6

평 가		확 인	

공부한 날 월 일

주판으로 해 보세요.

1	2	3	4	5
9 4 3 2 7	4 1 7 4 6	8 4 5 7 1	2 5 7 4 6	3 5 6 2 7

6	7	8	9	10
7 4 4 7 8	6 7 3 6 9	5 6 4 7 3	9 5 2 1 7	1 7 3 5 7

11	12	13	14	15
1 4 7 4 7	5 7 3 6 9	4 1 7 5 7	6 5 4 7 4	3 2 7 8 8

평 가		확 인	

공부한 날 월 일

암산으로 해 보세요.

1	2	3	4	5
1	2	1	9	6
5	2	3	3	1
7	9	1	2	7

6	7	8	9	10
9	8	8	5	5
6	9	8	2	4
7	9	7	7	1

11	12	13	14	15
9	7	2	7	7
8	7	5	9	7
7	7	8	7	9

16	17	18	19	20
5	3	7	6	5
7	2	7	6	2
9	7	4	6	7

평 가		확 인	

암산으로 아래 문제를 풀어 보세요.

1 다음 덧셈을 하여 □ 안에 알맞은 수를 쓰세요.

① $15 + 7 = \square$ ② $34 + 7 = \square$

③ $26 + 7 = \square$ ④ $17 + 7 = \square$

2 다음 세 수의 덧셈을 하세요.

① $12 + 5 + 7 = \square$ ② $24 + 3 + 7 = \square$

③ $11 + 8 + 7 = \square$ ④ $18 + 9 + 7 = \square$

3 □ 안에 알맞은 수를 넣으세요.

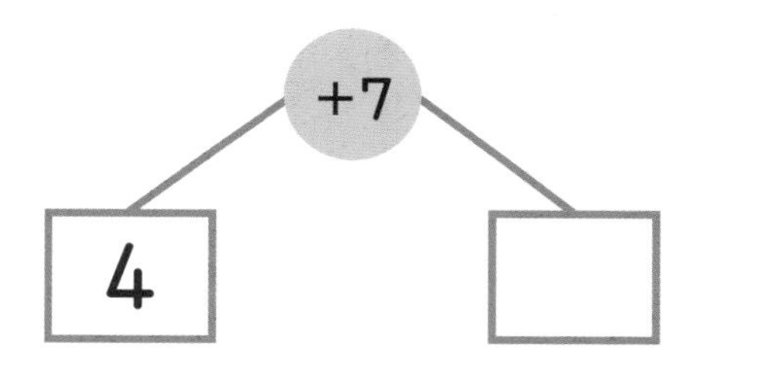

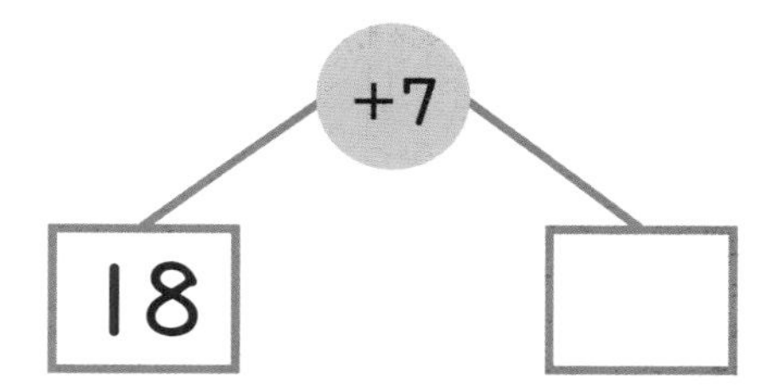

4 예슬이는 밤 15개를 주웠습니다.
영미가 7개를 주웠다면, 두 사람이 주운 밤은 모두 몇 개일까요?

식

개

평 가		확 인	

공부한 날 월 일

어려운 8의 덧셈 알기

5, 6의 수에 8을 더할 때 먼저 십의 자리에 1을 더하고 일의 자리에서 3을 더하는 것과 동시에 5를 뺀다.

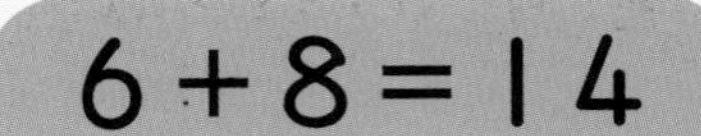

①

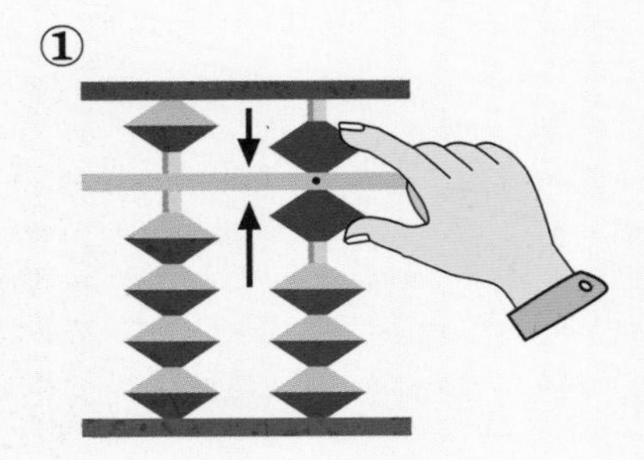

엄지와 검지로 동시에 윗알과 아래 한 알을 놓는다.

②

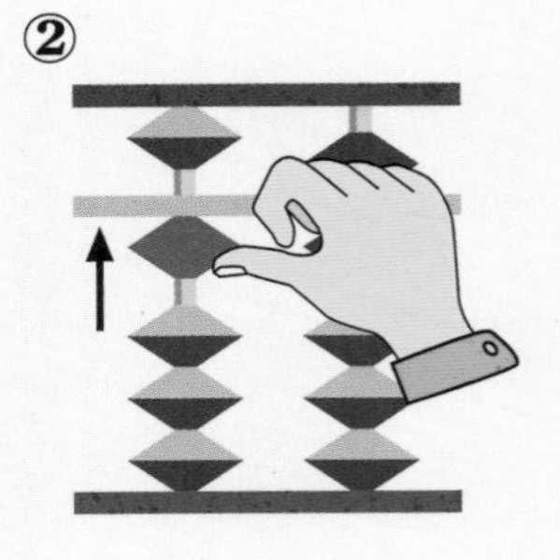

십의 자리에서 엄지로 한 알을 올린다.

③

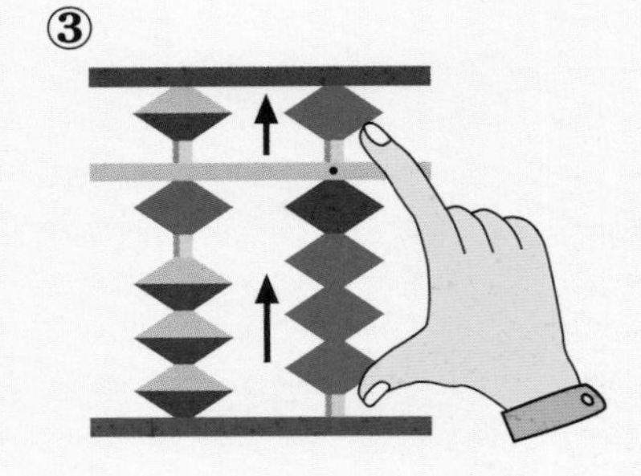

엄지로 아래 세 알을 올리는 동시에 검지로 윗알을 올린다.

1	2	3	4	5
4	6	3	4	7
2	8	2	1	9
8	5	8	8	8

6	7	8	9	10
6	5	8	5	6
8	8	8	8	8
7	6	8	9	9

이렇게 지도하세요 호산과 호산 암산 교육은 정신 집중력, 기억력, 두뇌 개발에 좋은 학습이므로 매일 10분 이상 꼭 하도록 합니다.

공부한 날 　　월 　　일

주판으로 해 보세요.

1	2	3	4	5
5 8 3 8 2	6 9 8 4 7	7 4 5 8 3	2 3 8 4 7	4 7 5 8 4

6	7	8	9	10
8 9 4 5 8	5 8 3 6 4	6 9 8 4 3	3 2 6 5 8	7 6 3 8 2

11	12	13	14	15
4 2 7 3 8	9 3 5 9 8	6 7 3 8 2	8 4 7 6 8	7 6 3 8 4

평 가		확 인	

주판으로 해 보세요.

1	2	3	4	5
1	3	5	4	2
4	3	7	2	3
8	6	4	8	6
3	4	8	4	5
7	8	3	6	8

6	7	8	9	10
7	5	4	6	3
6	7	2	8	4
3	4	8	3	8
8	9	4	7	8
2	8	6	4	2

11	12	13	14	15
8	5	7	9	2
6	8	6	7	5
2	4	3	8	6
9	7	8	4	3
8	3	4	6	8

평 가		확 인	

공부한 날　　　월　　　일

주판으로 해 보세요.

1	2	3	4	5
2	7	4	8	5
4	7	4	6	8
8	2	6	1	3
4	8	2	8	7
6	3	8	4	3

6	7	8	9	10
6	1	9	2	4
7	4	3	5	3
2	8	4	6	6
8	3	8	4	3
4	7	2	8	8

11	12	13	14	15
7	6	2	3	4
4	9	5	3	2
6	8	7	8	4
8	4	2	1	6
8	7	8	7	8

평 가		확 인	

공부한 날 월 일

암산으로 해 보세요.

1	2	3	4	5
5 1 8	2 3 8	3 9 2	6 8 2	1 4 8

6	7	8	9	10
4 5 1	1 5 8	3 3 8	1 4 5	5 8 7

11	12	13	14	15
5 8 8	4 7 6	7 8 8	6 9 8	3 2 5

16	17	18	19	20
6 8 1	9 7 8	7 8 6	8 7 8	6 8 6

평 가		확 인	

공부한 날 월 일

암산으로 아래 문제를 풀어 보세요.

1 덧셈을 하여 빈 칸에 알맞은 수를 쓰세요.

+	4	5	6	7
8				

2 □ 안에 알맞은 수를 넣으세요.

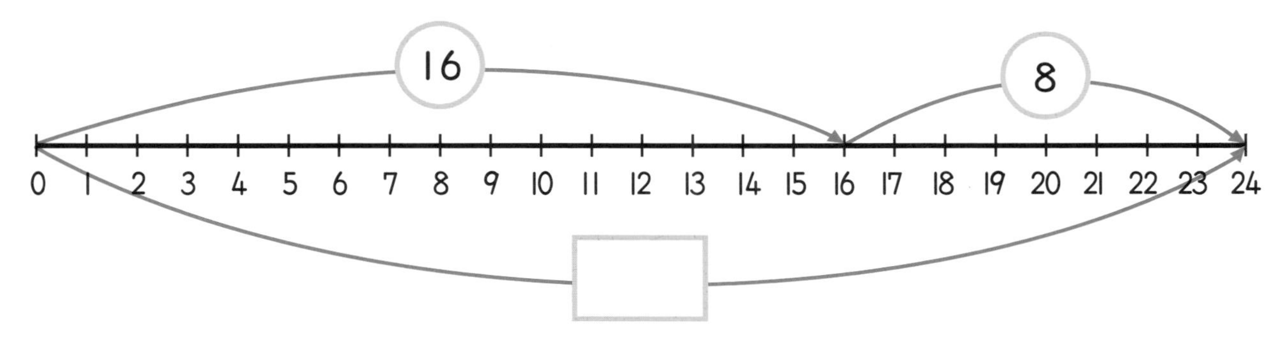

3 덧셈을 하여 □ 안에 알맞은 수를 쓰세요.

① $35 + 8 = \square$

② $26 + 8 = \square$

③ $15 + 8 = \square$

④ $27 + 8 = \square$

4 바구니에 배가 16개, 사과가 8개 담겨 있습니다.
바구니에 담겨 있는 과일은 모두 몇 개일까요?

식 ______________________ 답 ______ 개

평 가		확 인	

어려운 9의 덧셈 알기

5에 9를 더할 때 먼저 십의 자리에 1을 더하고 일의 자리에서 4를 더하는 것과 동시에 5를 뺀다.

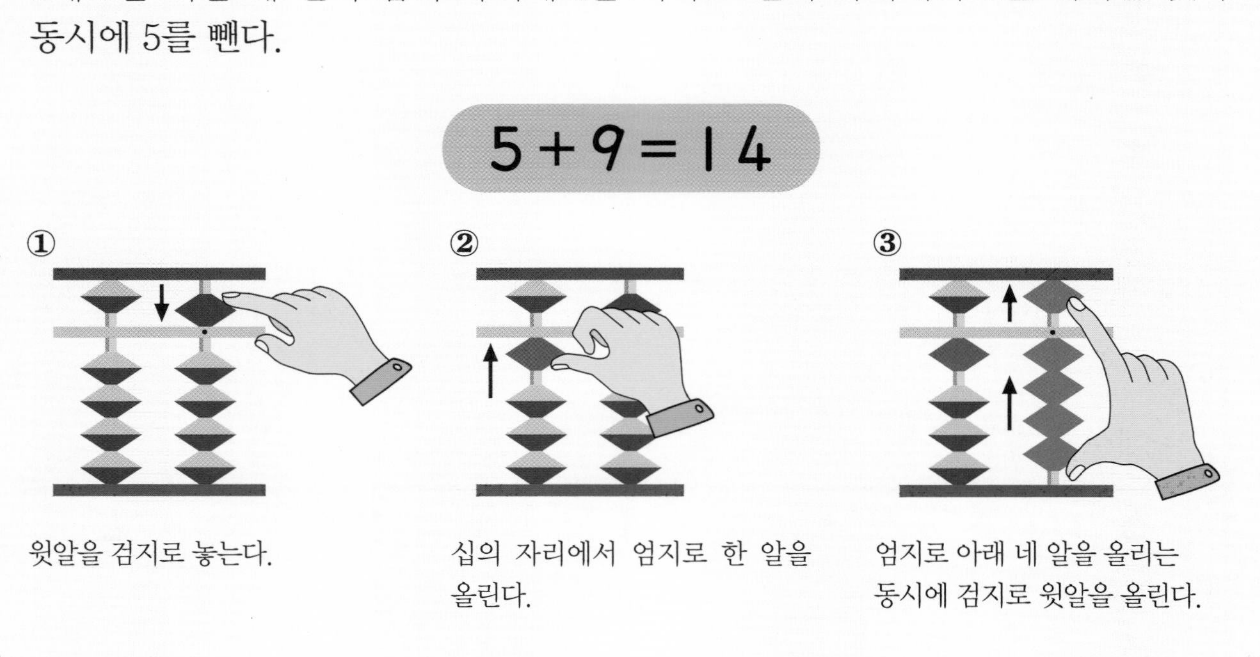

윗알을 검지로 놓는다.

십의 자리에서 엄지로 한 알을 올린다.

엄지로 아래 네 알을 올리는 동시에 검지로 윗알을 올린다.

1	2	3	4	5
5 9 7	4 1 9	2 3 9	1 4 9	6 9 9

6	7	8	9	10
9 6 9	8 7 9	5 9 1	5 9 9	5 9 8

이렇게 지도하세요 이 단원을 마치면 곱셈을 학습하는데, 곱셈은 덧셈의 연장이라 할 수 있습니다. 덧셈을 완벽하게 놓지 못하는 상태에서 뺄셈을 배울 경우 덧셈과 뺄셈을 혼동하게 되므로 곱셈을 통하여 덧셈을 충분히 연습한 뒤 뺄셈을 학습하는 것이 효과적인 주산 학습 방법입니다.

주판으로 해 보세요.

1	2	3	4	5
5	4	2	7	3
9	2	3	4	2
2	8	9	4	9
8	1	2	9	2
3	9	8	7	8

6	7	8	9	10
6	9	1	8	4
9	6	4	7	6
8	9	9	1	5
3	2	3	9	9
7	8	7	9	3

11	12	13	14	15
7	6	3	5	8
8	4	2	9	3
9	5	9	2	9
2	9	3	8	5
7	1	6	3	9

평 가		확 인	

공부한 날 월 일

주판으로 해 보세요.

1	2	3	4	5
4 5 6 9 2	7 8 9 3 6	2 4 6 5 7	9 6 9 4 6	1 4 9 2 8

6	7	8	9	10
5 6 4 9 2	8 2 5 9 3	9 1 6 7 4	7 8 9 3 2	4 3 7 5 8

11	12	13	14	15
3 2 9 1 7	2 4 7 2 9	6 9 9 3 7	8 6 1 9 4	7 7 2 9 9

평 가		확 인	

공부한 날 월 일

암산으로 해 보세요.

1	2	3	4	5
4 1 9	3 2 9	5 9 2	2 9 6	5 9 5

6	7	8	9	10
7 8 9	3 9 8	5 9 4	4 7 8	5 0 9

11	12	13	14	15
5 9 3	4 6 9	8 5 7	5 9 6	1 4 9

16	17	18	19	20
6 9 9	1 8 1	2 1 2	5 9 1	5 2 3

평 가		확 인	

공부한 날  

암산으로 아래 문제를 풀어 보세요.

1 덧셈을 하여 빈 칸에 알맞은 수를 쓰세요.

①

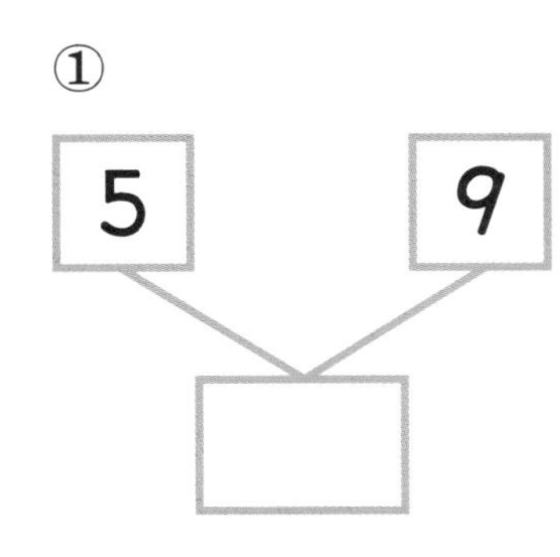

②

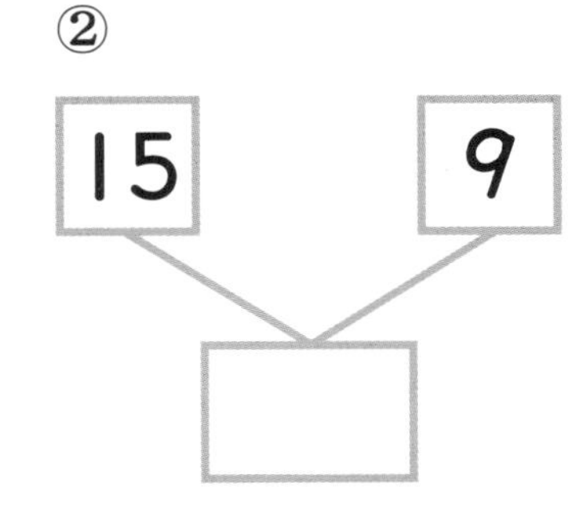

③

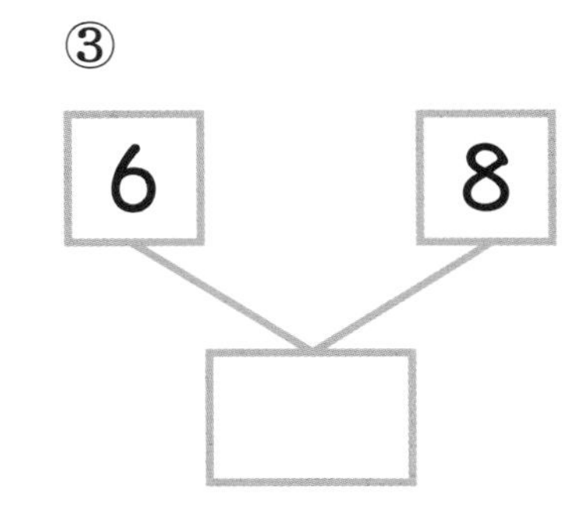

2 덧셈을 하여 □ 안에 알맞은 수를 쓰세요.

① $15 + 9 = \square$

② $16 + 8 = \square$

③ $15 + 7 = \square$

④ $35 + 9 = \square$

3 빈 칸에 알맞은 수를 쓰세요.

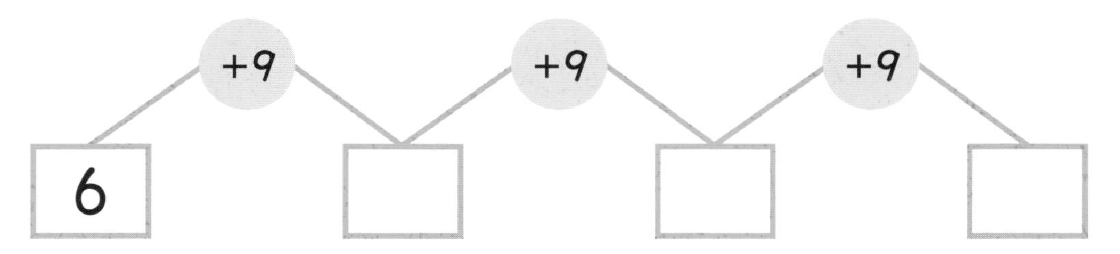

4 파란 색종이 15장과 빨간 색종이 9장으로 종이학을 접었습니다.
종이학은 모두 몇 마리일까요?

식 ______________________

______ 마리

평 가		확 인	

덧셈(2) 종합 문제

공부한 날	월	일

주판으로 해 보세요.

1	2	3	4	5
7 7 2 9 9	4 3 7 5 8	1 4 9 2 8	9 6 9 4 6	7 8 9 3 2

6	7	8	9	10
8 6 1 9 4	6 9 9 3 7	2 4 7 2 9	8 2 5 9 3	7 8 9 3 6

11	12	13	14	15
4 5 6 9 2	5 6 4 9 2	3 2 9 1 7	5 9 2 8 3	8 3 9 5 9

평 가		확 인	

공부한 날	월	일

주판으로 해 보세요.

1	2	3	4	5
9	8	6	8	8
7	1	5	3	7
5	2	9	4	9
3	4	4	7	9
7	5	6	2	8

6	7	8	9	10
3	6	2	9	7
2	8	4	7	7
8	5	6	2	4
9	4	5	5	6
3	2	3	4	1

11	12	13	14	15
7	2	5	4	4
8	3	4	6	8
7	5	2	6	8
8	9	7	4	8
5	6	8	9	7

평 가		확 인	

공부한 날 월 일

주판으로 해 보세요.

1	2	3	4	5
9	9	3	1	4
5	5	7	8	2
7	4	1	3	2
8	3	6	2	9
4	8	4	8	7

6	7	8	9	10
9	8	7	9	8
7	5	4	7	7
7	2	5	2	8
5	9	5	5	6
5	7	1	6	5

11	12	13	14	15
8	6	5	8	4
2	8	4	6	2
9	4	4	4	2
7	6	7	7	8
6	2	3	3	8

평 가		확 인	

공부한 날 월 일

주판으로 해 보세요.

1	2	3	4	5
9	5	7	6	3
8	1	2	4	9
5	9	7	8	1
6	3	2	1	4
4	7	3	9	7

6	7	8	9	10
4	7	8	3	7
5	3	5	5	3
6	5	2	6	9
8	6	9	4	5
7	4	3	7	6

11	12	13	14	15
7	8	2	8	6
5	5	4	6	2
3	2	8	5	5
1	5	7	4	8
5	4	6	9	7

평 가		확 인	

공부한 날  

주판으로 해 보세요.

1	2	3	4	5
3	9	1	7	5
9	2	5	6	1
1	3	5	4	3
7	4	1	6	2
2	9	8	2	9

6	7	8	9	10
9	6	5	9	4
4	2	8	5	2
7	4	9	7	1
6	3	7	6	8
8	5	1	3	3

11	12	13	14	15
4	3	7	5	6
5	4	1	9	3
3	6	9	7	2
7	8	3	8	4
6	2	8	6	7

평 가		확 인	

공부한 날 월 일

주판으로 해 보세요.

1	2	3	4	5
9	8	6	7	4
5	1	5	5	4
7	3	5	3	9
8	4	7	3	8
6	4	1	2	5

6	7	8	9	10
9	8	3	7	8
2	8	4	3	7
4	7	8	5	5
1	9	5	5	4
6	6	6	8	3

11	12	13	14	15
4	2	7	5	9
3	7	4	6	2
2	5	8	8	8
3	6	8	5	8
3	4	4	3	7

평 가		확 인	

B2 해답 덧셈

4 쪽 덧셈 (1) 종합 문제

❶	❷	❸	❹	❺	❻	❼	❽	❾	❿
22	26	27	22	20	29	27	20	25	27
⓫	⓬	⓭	⓮	⓯					
29	21	31	28	29					

5 쪽 덧셈 (1) 종합 문제

❶	❷	❸	❹	❺	❻	❼	❽	❾	❿
27	31	23	20	28	22	25	30	29	28
⓫	⓬	⓭	⓮	⓯					
30	28	30	22	29					

6 쪽 덧셈 (1) 종합 문제

❶	❷	❸	❹	❺	❻	❼	❽	❾	❿
28	23	29	27	32	29	22	28	29	32
⓫	⓬	⓭	⓮	⓯					
26	30	26	29	28					

8 쪽 원리 알기

❶	❷	❸	❹	❺	❻	❼	❽	❾	❿
8	5	5	10	5	5	5	15	9	5

9 쪽 기초 다지기

❶	❷	❸	❹	❺	❻	❼	❽	❾	❿
21	19	25	18	25	19	16	25	18	15
⓫	⓬	⓭	⓮	⓯					
15	18	25	18	19					

10 쪽 실력 기르기

❶	❷	❸	❹	❺	❻	❼	❽	❾	❿
15	20	25	19	15	25	31	19	25	25
⓫	⓬	⓭	⓮	⓯					
25	17	34	18	25					

11 쪽 실력 기르기

❶	❷	❸	❹	❺	❻	❼	❽	❾	❿
25	26	18	25	24	19	25	26	20	25
⓫	⓬	⓭	⓮	⓯					
15	15	15	20	18					

12 쪽 암산 학습

❶	❷	❸	❹	❺	❻	❼	❽	❾	❿
19	7	18	5	9	11	15	8	16	16
⓫	⓬	⓭	⓮	⓯	⓰	⓱	⓲	⓳	⓴
5	16	15	10	14	17	9	5	5	11

13 쪽 교과서 응용하기

❶ 4, 1, 5

❷ ① 5 ② 15 ③ 45

❸ ① 15 ② 35

❹ 24+1, 25

14 쪽 원리 알기

❶	❷	❸	❹	❺	❻	❼	❽	❾	❿
6	6	6	5	10	7	5	8	7	9

15 쪽 기초 다지기

❶	❷	❸	❹	❺	❻	❼	❽	❾	❿
15	30	16	19	20	19	25	15	21	16
⓫	⓬	⓭	⓮	⓯					
20	26	20	15	20					

16 쪽 실력 기르기

❶	❷	❸	❹	❺	❻	❼	❽	❾	❿
16	30	26	24	20	16	30	36	20	21
⓫	⓬	⓭	⓮	⓯					
26	20	25	20	25					

17 쪽 실력 기르기

❶	❷	❸	❹	❺	❻	❼	❽	❾	❿
16	27	20	16	24	20	27	20	25	30
⓫	⓬	⓭	⓮	⓯					
25	25	20	26	24					

18 쪽 암산 학습

❶	❷	❸	❹	❺	❻	❼	❽	❾	❿
25	21	16	6	21	6	9	11	15	5
⓫	⓬	⓭	⓮	⓯	⓰	⓱	⓲	⓳	⓴
19	7	9	10	14	8	5	6	7	14

19 쪽 교과서 응용하기

❶ 5, 6, 7, 8

❷ ① 6 ② 9 ③ 17 ④ 26

❸ 14, 2, 16

❹ 23+2, 25

20 쪽 원리 알기

❶	❷	❸	❹	❺	❻	❼	❽	❾	❿
7	7	6	7	6	16	17	15	6	15

21 쪽 기초 다지기

❶	❷	❸	❹	❺	❻	❼	❽	❾	❿
21	29	15	29	10	27	19	16	21	30
⓫	⓬	⓭	⓮	⓯					
20	21	29	15	25					

22 쪽 실력 기르기

❶	❷	❸	❹	❺	❻	❼	❽	❾	❿
26	29	21	15	20	15	25	29	20	21
⓫	⓬	⓭	⓮	⓯					
17	21	25	27	16					

23 쪽 실력 기르기

❶	❷	❸	❹	❺	❻	❼	❽	❾	❿
20	16	17	26	20	25	17	25	17	26
⓫	⓬	⓭	⓮	⓯					
27	23	27	19	27					

24 쪽 암산 학습

❶	❷	❸	❹	❺	❻	❼	❽	❾	❿
16	9	16	17	10	9	12	10	12	20
⓫	⓬	⓭	⓮	⓯	⓰	⓱	⓲	⓳	⓴
10	5	18	19	5	9	15	9	19	10

25 쪽 교과서 응용하기

❶ 4, 3, 7

❷

❸ 7, 10, 13, 16

❹ 13+3, 16

26 쪽 원리 알기

❶	❷	❸	❹	❺	❻	❼	❽	❾	❿
16	10	16	7	16	17	11	8	9	15

27 쪽 기초 다지기

❶	❷	❸	❹	❺	❻	❼	❽	❾	❿
22	20	21	20	35	22	27	22	25	21
⓫	⓬	⓭	⓮	⓯					
20	25	19	29	25					

28 쪽 실력 기르기

❶	❷	❸	❹	❺	❻	❼	❽	❾	❿
18	25	20	26	16	18	18	27	28	25
⓫	⓬	⓭	⓮	⓯					
27	20	20	26	17					

29 쪽 실력 기르기

❶	❷	❸	❹	❺	❻	❼	❽	❾	❿
29	20	22	26	25	17	21	20	21	19
⓫	⓬	⓭	⓮	⓯					
26	25	30	21	25					

30 쪽 암산 학습

❶	❷	❸	❹	❺	❻	❼	❽	❾	❿
15	15	8	17	16	15	8	13	12	18
⓫	⓬	⓭	⓮	⓯	⓰	⓱	⓲	⓳	⓴
7	10	7	6	9	14	12	21	20	16

31 쪽 교과서 응용하기

❶ ① 5 ② 8 ③ 7 ④ 16 ⑤ 25

❷ 3+14

❸ ① > ② <

❹ 14+4, 18

32 쪽 원리 알기

❶	❷	❸	❹	❺	❻	❼	❽	❾	❿
23	21	22	22	13	13	14	12	14	21

33 쪽 기초 다지기

❶	❷	❸	❹	❺	❻	❼	❽	❾	❿
20	20	25	32	26	21	16	21	22	23
⓫	⓬	⓭	⓮	⓯					
26	31	20	26	23					

34 쪽 실력 기르기

❶	❷	❸	❹	❺	❻	❼	❽	❾	❿
20	28	23	16	24	26	22	30	22	26
⓫	⓬	⓭	⓮	⓯					
20	17	30	26	26					

35 쪽 실력 기르기

❶	❷	❸	❹	❺	❻	❼	❽	❾	❿
25	24	25	26	21	25	22	28	23	25
⓫	⓬	⓭	⓮	⓯					
22	26	30	22	25					

36 쪽 암산 학습

❶	❷	❸	❹	❺	❻	❼	❽	❾	❿
22	13	15	16	14	18	22	10	6	21
⓫	⓬	⓭	⓮	⓯	⓰	⓱	⓲	⓳	⓴
16	6	10	14	15	21	13	14	21	21

37 쪽 교과서 응용하기

❶ 11, 12, 13, 14

❷ ① 22 ② 34 ③ 41 ④ 32

❸ ① 14 ② 17 ③ 14 ④ 17

❹ 18+6, 24

38 쪽 원리 알기

❶	❷	❸	❹	❺	❻	❼	❽	❾	❿
14	13	14	24	22	22	22	16	14	22

39 쪽 기초 다지기

❶	❷	❸	❹	❺	❻	❼	❽	❾	❿
27	22	29	23	33	33	23	22	22	27
⓫	⓬	⓭	⓮	⓯					
24	26	25	33	26					

40 쪽 실력 기르기

❶	❷	❸	❹	❺	❻	❼	❽	❾	❿
23	24	22	23	24	22	27	33	21	23
⓫	⓬	⓭	⓮	⓯					
25	33	24	24	31					

41 쪽 실력 기르기

❶	❷	❸	❹	❺	❻	❼	❽	❾	❿
25	22	25	24	23	30	31	25	24	23
⓫	⓬	⓭	⓮	⓯					
23	30	24	26	28					

42 쪽 암산 학습

❶	❷	❸	❹	❺	❻	❼	❽	❾	❿
13	13	5	14	14	22	26	23	14	10
⓫	⓬	⓭	⓮	⓯	⓰	⓱	⓲	⓳	⓴
24	21	15	23	23	21	12	18	18	14

43 쪽 교과서 응용하기

❶ ① 22 ② 41 ③ 33 ④ 24

❷ ① 24 ② 34 ③ 26 ④ 34

❸ 11, 25

❹ 15+7, 22

44 쪽 원리 알기

❶	❷	❸	❹	❺	❻	❼	❽	❾	❿
14	19	13	13	24	21	19	24	22	23

45 쪽 기초 다지기

❶	❷	❸	❹	❺	❻	❼	❽	❾	❿
26	34	27	24	28	34	26	30	24	26
⓫	⓬	⓭	⓮	⓯					
24	34	26	33	28					

46 쪽 실력 기르기

❶	❷	❸	❹	❺	❻	❼	❽	❾	❿
23	24	27	24	24	26	33	24	28	25
⓫	⓬	⓭	⓮	⓯					
33	27	28	34	24					

47 쪽 실력 기르기

❶	❷	❸	❹	❺	❻	❼	❽	❾	❿
24	27	24	27	26	27	23	26	25	24
⓫	⓬	⓭	⓮	⓯					
33	34	24	22	24					

48 쪽 암산 학습

❶	❷	❸	❹	❺	❻	❼	❽	❾	❿
14	13	14	16	13	10	14	14	10	20
⓫	⓬	⓭	⓮	⓯	⓰	⓱	⓲	⓳	⓴
21	17	23	23	10	15	24	21	23	20

49 쪽 교과서 응용하기

❶ 12, 13, 14, 15

❷ 24

❸ ① 43 ② 34 ③ 23 ④ 35

❹ 16+8, 24

50 쪽 원리 알기

❶	❷	❸	❹	❺	❻	❼	❽	❾	❿
21	14	14	14	24	24	24	15	23	22

51 쪽 기초 다지기

❶	❷	❸	❹	❺	❻	❼	❽	❾	❿
27	24	24	31	24	33	34	24	34	27
⓫	⓬	⓭	⓮	⓯					
33	25	23	27	34					

52 쪽 실력 기르기

❶	❷	❸	❹	❺	❻	❼	❽	❾	❿
26	33	24	34	24	26	27	27	29	27
⓫	⓬	⓭	⓮	⓯					
22	24	34	28	34					

53 쪽 암산 학습

❶	❷	❸	❹	❺	❻	❼	❽	❾	❿
14	14	16	17	19	24	20	18	19	14
⓫	⓬	⓭	⓮	⓯	⓰	⓱	⓲	⓳	⓴
17	19	20	20	14	24	10	5	15	10

54 쪽 교과서 응용하기

❶ ① 14 ② 24 ③ 14

❷ ① 24 ② 24 ③ 22 ④ 44

❸ 15, 24, 33

❹ 15+9, 24

56 쪽 덧셈 (2) 종합 문제

❶	❷	❸	❹	❺	❻	❼	❽	❾	❿
34	27	24	34	29	28	34	24	27	33
⓫	⓬	⓭	⓮	⓯					
26	26	22	27	34					

57 쪽 덧셈 (2) 종합 문제

❶	❷	❸	❹	❺	❻	❼	❽	❾	❿
31	20	30	24	41	25	25	20	27	25
⓫	⓬	⓭	⓮	⓯					
35	25	26	29	35					

58 쪽 덧셈 (2) 종합 문제

❶	❷	❸	❹	❺	❻	❼	❽	❾	❿
33	29	21	22	24	33	31	22	29	34
⓫	⓬	⓭	⓮	⓯					
32	26	23	28	24					

59 쪽 덧셈 (2) 종합 문제

❶	❷	❸	❹	❺	❻	❼	❽	❾	❿
32	25	21	28	24	30	25	27	25	30
⓫	⓬	⓭	⓮	⓯					
21	24	27	32	28					

60 쪽 덧셈 (2) 종합 문제

❶	❷	❸	❹	❺	❻	❼	❽	❾	❿
22	27	20	25	20	34	20	30	30	18
⓫	⓬	⓭	⓮	⓯					
25	23	28	35	22					

61 쪽 덧셈 (2) 종합 문제

❶	❷	❸	❹	❺	❻	❼	❽	❾	❿
35	20	24	20	30	22	38	26	28	27
⓫	⓬	⓭	⓮	⓯					
15	24	31	27	34					